无需冰激凌机、只需简单的模具

43 款纯手工美味冰棍 DIY

〔日〕荻田尚子　著

陈亚敏　译

河南科学技术出版社

· 郑州 ·

homemade

前言

炎热夏季，酷暑难熬，食欲不振的时候，无论是消暑的需要还是作为饭后点心，最合心意的莫过于冰棍了。吃上一根冰棍，可以使身体降温，让人更有精神。

近年来，大人小孩都爱去的冰激凌店，一家挨着一家，各具特色。尤其是最近，出现了专用天然材料，重在口感的冰激凌商店，店中的冰点色彩丰富，造型可爱，令人垂涎欲滴。其实，这些美味的冰点在家也可以制作的哟！本书中将会给大家介绍 43 款简单易制的冰点，其中包括奶制品系列、果汁系列等令人怀念的基本款，更有天然水果无添加剂、健康美味的冰激凌，也有口感醇厚、可以当作餐后点心的雪糕等。

书中的各种冰点，只需把材料混合之后放入冰箱，冷冻即可。不需要冷饮工厂里制作冰点的各种特别工具，比如专用的冰点模具等。在家制作时可将纸杯、牛奶盒等身边有的东西，当作模具使用，本书中将会有详细介绍。

原本，家常自制冰点的想法很简单，只是希望自己的孩子能够吃上比市场出售的含糖量低一些的冰点。冰点，像烘焙食品那样，即使砂糖量减少也可制作成功。所以可根据自己的喜好和口味加入砂糖。另外，在家自己制作，可以自选材料，不含防腐剂和添加剂，既健康又安全。

拉开冰箱门，一股凉气扑面而来，心情极好，同时这种等待冰点冷冻的感觉也是极幸福的。家中常备自制冰点，随时可品尝到美味冷饮。

荻田尚子

目录

homemade ice bar

第一章

只需搅拌均匀! **简单款冰棍**　　　　　12

第二章

水果、蔬菜大混合! **绿色新鲜冰棍大集锦**　　　　　36

第三章

冰棍制作，一学就会！

自制冰棍，不需要什么特殊工具，只要有冰箱即可。炎热的日子里，尤其是洗完澡，
吃上一根冰棍，顿时神清气爽。

常用工具

1 小盆

用于混合各种材料，大一点使用
起来会更方便。

2 刮勺

将用小盆搅拌混合的材料倒入模具时，刮勺可有
助于倒入得更干净。

3 打泡器

制作含有鲜奶油的冰棍，搅拌奶
油时使用。

4 勺子

可用于搅拌混合食材，也可用于食材倒入模具时，
总之用途广泛。

需了解的基础知识

● 计量单位：1 大匙 =15mL，1 小匙 =5mL，1 杯 =200mL。

● 冷冻冰棍的时间，是以家用冰箱设定到中挡冷冻的状态来计算的。但是有时会因模具的大小、冰箱的型号不同，时间长短会
  有所不同，请注意这一点。

● 各种水果或者果汁，由于含糖量不同，所以需要根据自己的口味来调整用糖量。

● 使用蔬菜、水果时如无特别说明，均以先洗之后再去皮的顺序进行。

● 制作时如需要用火加热，没有特别要求时，均用中火。

● 用微波炉加热的时间，一般是600W功率所需的时间。如果是500W功率的微波炉，则需要1.2倍的加热时间。机器的型号
  不同，时间长短也会有所不同，加热时应注意观察。

关于砂糖

本书中的砂糖一般指的是上
等白糖、细砂糖。也可根据
自己的喜好选择三温糖、低
聚糖、蜂蜜、枫糖浆等。每
种糖含糖量不同，所以需要
注意用量。

注：三温糖是黄砂糖的一种，
为日本的特产，常用于日式
甜点。

关于水果

草莓、芒果、蓝莓、覆盆子、
菠萝等，无论是冷藏的还是新
鲜的均可使用。搅拌时注意顺
序。另外，如果用的是冷冻的
水果，需要稍微解冻后再使用。

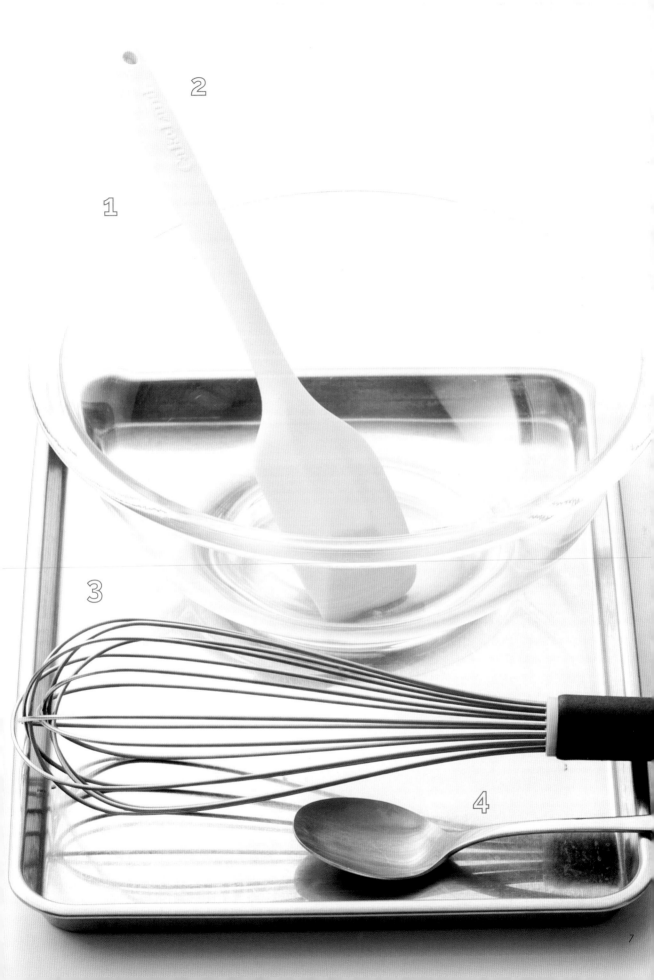

1

2

3

4

各种各样的冰棍模具

最近，市场上流行各种各样的冰棍模具，可在商店、网店购买到。本书中介绍的冰棍即使不购买工具也可制作，因为可使用身边的各种容器。这并不是什么发明创造，而是一时兴起想到的，在这里介绍给大家。

冰棍模具

冰棍模具有各种各样的：长方形、三角形、筒状等。
也有带盖的可以固定冰棍棒的，非常方便。

硅胶模具

制作点心用的硅胶模具，也可用于制作冷冻食品。
因为模具比较软，所以取出时也很方便。

点心模具

金属的或经防水处理的纸质的各种点心模具。
其中杯子形模具放入冰箱时，最好放在平底盘上，这样会比较平稳。推荐使用底部不漏的模具。

冰棍棒

一般点心用品商店或者杂货店都有出售。可根据模具大小来选用冰棍棒。
木制的或迷你勺等都可使用。

冰块模具

制冰块用模具比较适合制作迷你款冰甜点。
最近也出现了圆形、扑克牌形等各种可爱形状的模具。

身边可用的模具

平时身边可用的模具也有很多，比如下图所示的这些物品。需要注意的是，太薄的玻璃杯冷冻时容易破裂，尽量不要使用。

便当用的硅胶杯　　　　　纸杯　　　　　　烧杯　　　　　牛奶纸盒　　　　　塑料瓶

酸奶瓶　　　　　　果酱瓶　　　　　自封式塑料袋

何处可以购买到模具？

到了夏天，专用冰棍模具和冰棍棒，在点心用品商店、杂货店、便利店里，常常可以看到它们的身影。但是夏天过后，一般都下架了，难寻踪迹，建议此时可网购。当然也可使用身边的容器来代替硅胶模具、制冰用模具等。

自制冰棍的简单步骤

制作方法超级简单，只需把材料混合搅拌，冷冻即可。
本书介绍的冰棍配方适用于初学者，甚至小孩子也可自行制作。

基本制作方法

 step 1 **混合材料制作基础液**

在牛奶或果汁里，加入砂糖等其他甜调味品制作基础液。如果溶化不完全，会影响到冰棍的口感，所以需要搅拌均匀。

 step 2 **把基础液倒入模具**

准备好相应的模具，倒入基础液。液体冷冻后体积会有所膨胀，所以模具不要装得太满，一般倒入80% ～ 90%即可。

※根据自己所用的模具可调节配方材料的重量（质量），比如1.5倍、2倍都可以，但是切记材料的搭配比例不可改变。

 step 3 **放入冰箱冷冻凝固**

80mL的冰棍液一般需要冷冻3h左右才会凝固。模具的大小、不同型号的冰箱及功能设定等均会有影响，所以需要边观察边制作。

 step 4 **从模具中取出**

冰棍完全凝固后，从模具中取出，即可食用。为了顺利取出，可在模具表面洒上少许温水。

成功的小窍门

虽说只需倒入模具冷冻即可制作冰棍，但稍微掌握以下的几个小窍门，
制作的冰棍无论是口感还是外观均会有所不同。

口味均匀的小窍门

使用细长的冰棍模具制作时，可尔必思、牛奶、果汁等上下浓度不同，会造成口味不均匀。这时，可以把基础液放到自封式塑料袋里冷冻后，再移到模具里，这样口味就比较均匀了。

插直冰棍棒的小窍门

不带盖子的冰棍模具插入冰棍棒时，容易倾斜。这时可以等基础液放到自封式塑料袋里冷冻后，再插入冰棍棒。也可冷冻1h左右待表面稍微凝固后再插入冰棍棒就不会倾斜了。

从表面可以看见水果的小窍门

从冰棍的表面看见五颜六色的水果，既时尚又能勾起食欲。如果仅仅把水果放到模具里，一般会下沉，所以这时需要用刀或者其他工具把水果粘贴到模具的表面，然后再倒入基础液。

第一章

只需搅拌均匀！
简单款冰棍

冰凉清爽、甜甜的冰棍，爱意融融，令人无比怀念。从基本款的奶制品系列到颇受欢迎的巧克力系列，以及葡萄、橙子等果味系列冰棍应有尽有。制作时，只需把果汁或其他搅拌均匀的液体放入冰箱冷冻即可。此外，本章还介绍了口味醇厚款系列冰棍的制作。总之，从你最喜爱的一款开始，参照配方，尝试一下吧！

" CHOCOLATE "

milk

ORANGE JUICE

white chocolate

MILK
奶制品系列

奶制品系列冰棍，堪称冰棍中的经典款，百吃不厌，不吃就会想念。
本章介绍了从清爽口味的牛奶冰棍到口味醇厚的，配有豆奶、可可粉、
杏仁等各种口味的冰棍。

RECIPE： 令人怀念的牛奶冰棍

{ ingredients }　（80mL的冰棍模具6个）
　　材料
　　　　　　　　　　· 牛奶 ·· 400mL
　　　　　　　　　　· 砂糖 ·· 60g

{ directions }　1. 把牛奶和砂糖倒进小盆里，搅拌均匀。
　　做法
　　　　　　　　2. 砂糖溶化后，把液体倒进冰棍模具里，放进冰箱冷冻即可。

{ point }　所用的冰棍模具都有盖子，可以固定冰棍棒，所以比较方便。
　小窍门　　有时冰棍上下部分的浓度不同，可能会对冰棍口感有影响，为了
　　　　　　避免此问题，可把冰棍液体放进自封式塑料袋里（参照第11页）。

当冰棍不能顺利从模具中拿出
来时，可以在温水中稍微泡一
下再拿出来。

冰棍模具

如果经常制作冰棍的话，建
议选择冰棍专用模具。一般
商店都可买到。第8页有关
于各种冰棍模具的介绍，仅
供参考。

RECIPE: **口感醇厚的奶味冰棍**

{ ingredients }
材料　（50mL 的冰棍模具容器8个）

- 牛奶 ·· 150mL
- 鲜奶油 ······································ 150mL
- 炼乳 ·· 60g

炼乳，是在牛奶里添加甜调味品后浓缩而成的。其特点就是口感醇厚的牛奶味，而且易于融化，所以最适合制作冷饮。

{ directions }
做法

1. 把所有的材料倒进小盆里，搅拌均匀。
2. 炼乳融化后，把液体倒进容器里，放进冰箱冷冻。1h后把冰棍木铲插进去，再继续冷冻。

{ point }
小窍门

制作时，由于用了鲜奶油和炼乳，所以口感醇厚。
如果模具容器比较浅的话，可以把冰棍木铲换成冰棍棒。

冰棍木铲

almond
milk bar

coconut
milk bar

RECIPE: **杏仁冰棍**

{ ingredients } （60mL的冰棍模具5个）
材料

· 杏仁（烘烤后的）……………………… 50g
· 水 ……………………………………… 250mL
· 砂糖 ……………………………………… 50g

{ directions } 1. 把杏仁在水中浸泡一晚（8h以上）。
做法
2. 捞到篮子里晾干后，放入搅拌器里，然后加入其他材料，搅拌2min左右。
3. 把步骤2搅拌好的材料通过滤网倒进模具里，然后放进冰箱冷冻。

RECIPE: **椰子牛奶冰棍**

{ ingredients } （80mL的冰棍模具6个）
材料

· 椰奶（罐装）…………………………… 200mL
· 水 ……………………………………… 200mL
· 砂糖 ……………………………………… 70g
· 装饰用椰丝……………………………… 适量

{ directions } 1. 把所有的材料倒进小盆里，搅拌均匀。
做法
2. 砂糖溶化后，把液体倒进模具里，放进冰箱冷冻。然后放上喜欢的椰丝，既可装饰，也可食用。

{ point } 最近用杏仁牛奶和椰奶制作的冰棍越来越受关注。市场出售的普
小窍门 通杏仁牛奶即可。如果牛奶已含糖，需要调整砂糖的用量。

杏仁牛奶和椰奶

5 RECIPE：果味牛奶冰棍

fruit milk bar

"STRAWBERRY"

"PINEAPPLE"

RECIPE：牛奶草莓冰棍

{ ingredients } （60mL的冰棍模具8个）
材料

- 牛奶 ························· 330mL
- 砂糖 ························· 50g
- 草莓 ························· 10个（100g）

{ directions }
做法

1. 去除草莓的蒂，然后竖着切成所需的形状，贴到模具上。

2. 把牛奶和砂糖倒进小盆里，搅拌均匀。

3. 砂糖溶化后，把液体倒进模具里，放进冰箱冷冻。

{ point } （4种口味通用）
小窍门
这几款冰棍不禁让人想起日本鹿儿岛的"白熊"（冷饮的名字）。牛奶冰棍上可添加上各种水果。水果的造型可参照第11页，制作时注意让造型可爱一些。

RECIPE：牛奶菠萝冰棍

{ ingredients } （60mL的冰棍模具8个）
材料

- 牛奶 ························· 330mL
- 砂糖 ························· 50g
- 菠萝 ························· 约1/10个（100g）

{ directions }
做法

1. 把菠萝切成一块一块的，贴到模具上。

2. 把牛奶和砂糖倒进小盆里，搅拌均匀。

3. 砂糖溶化后，把液体倒进模具里，放进冰箱冷冻

"ORANGE"

"MELON"

RECIPE: **牛奶橘子冰棍**

{ ingredients }　（60mL的冰棍模具8个）
　材料
- 牛奶 ························· 330mL
- 砂糖 ························· 50g
- 橘子（罐装） ············ 100g

{ directions }
　做法
1. 橘子去汁后，切成所需的形状，贴到模具上。
2. 把牛奶和砂糖倒进小盆里，搅拌均匀。
3. 砂糖溶化后，把液体倒进模具里，放进冰箱冷冻。

RECIPE: **牛奶蜜瓜冰棍**

{ ingredients }　（60mL的冰棍模具8个）
　材料
- 牛奶 ························· 330mL
- 砂糖 ························· 50g
- 蜜瓜 ············ 约1/5个（100g）

{ directions }
　做法
1. 把蜜瓜切成块，贴到模具上。
2. 把牛奶和砂糖倒进小盆里，搅拌均匀。
3. 砂糖溶化后，把液体倒进模具里，放进冰箱冷冻。

6

RECIPE: **冰冻香蕉奶昔**

{ ingredients }
材料

（100mL 的瓶子4个）

・酸奶 ························200mL
・砂糖 ························20g
・香蕉 ························1 根（净重100g）

{ directions }
做法

1. 把香蕉的一半切成16片圆形。剩余的香蕉放进小盆里用
   叉子捣碎，和砂糖、酸奶均匀搅拌。

2. 切好的香蕉片贴到瓶子内侧。

3. 把步骤1搅拌均匀的液体倒进步骤2的瓶子里，放进冰箱
   冷冻。

{ point }
小窍门

该款模具可采用平时放酸奶、果酱等的空瓶子，稍微厚一点的容
器比较好。冷冻过程中可用叉子搅拌一下，否则容易冷冻过硬。

空瓶子

7

RECIPE: **大理石纹果酱酸奶冰棍**

{ ingredients }　（80mL的冰棍模具4个）
材料

< 蓝莓酱 >
· 蓝莓 ·················100g
· 蜂蜜 ·················20g
· 老酸奶 ···············30g

< 酸奶酱 >
· 老酸奶 ···············200g
· 牛奶 ·················50mL
· 蜂蜜 ·················30g

{ point }
小窍门

酸酸甜甜的蓝莓酱搭配清爽的酸奶，味
道极好。注意搅拌均匀，才能做出色彩
亮丽的大理石纹。

{ directions }
做法

1. 制作蓝莓酱。把蓝莓和蜂蜜放进耐热容器里搅拌后，用
微波炉加热1.5min，取出，晾凉，再和老酸奶搅拌均匀。

2. 制作酸奶酱。把所有的材料搅拌均匀，使蜂蜜溶化。

3. 把蓝莓酱和酸奶酱交替倒进冰棍模具里，尽量做得有层
次感，然后放入冰箱冷冻即可。

CHOCOLATE
巧克力系列

这里介绍的是无论大人还是小孩都喜欢的巧克力口味冰棍。从经典口味的巧克力到香草巧克力，应有尽有。口味醇厚，制作简单，直接冷冻即可品尝到巧克力的浓厚香醇。

RECIPE：经典巧克力冰棍

{ ingredients }
材料

（60mL的冰棍模具6个）

- 牛奶 ······················· 300mL
- 可可粉（无糖） ········· 15g
- 砂糖 ························ 50g

{ directions }
做法

1. 把过滤后的可可粉和砂糖放进小盆里，搅拌均匀。边搅拌边加入牛奶。

2. 整体混合好后倒进模具里，放进冰箱冷冻。

{ point }
小窍门

使用可可粉做的冰棍，步骤简单，味道独特。但是要注意步骤1中添加牛奶后，搅拌要恰到好处，使巧克力散发出香味，而且不易产生疙瘩。

可可粉

"MILK"

"BITTER"

"WHITE"

RECIPE: 牛奶巧克力冰棍

{ ingredients }
材料

（120mL的布丁模具5个）

- 巧克力（喜爱的口味）·······························100g
- 鲜奶油 ···100mL
- 牛奶 ···250mL

该款冰棍使用鲜奶油制作，口感醇厚。可挑选自己喜爱的苦巧克力、牛奶巧克力、白色巧克力等。若喜爱温和口感，可在苦巧克力中添加甜巧克力。

{ directions }
做法

1. 把鲜奶油倒入小锅内加热，锅四周起泡后关火，然后加入切好的巧克力，搅拌均匀。之后边搅拌边添加牛奶。

2. 整体混合好，晾凉后，倒进模具里，放进冰箱冷冻。冷冻1h左右，稍微凝固后，把冰棍棒插进，再继续冷冻。

{ point }
小窍门

布丁杯子或者果冻杯子均可做冰棍模具，会非常可爱。本书中介绍了布丁模具，可以把冰棍棒插进去继续冷冻，也可使用匙子舀着吃。

布丁模具

RECIPE: 薄荷巧克力冰棍

{ ingredients }
材料

（7mL的半圆形硅胶模具24个）

- 薄荷叶 ································· 5g
- 牛奶 ································· 125mL
- 鲜奶油 ································· 50mL
- 甜巧克力 ································· 50g

{ directions }
做法

1. 把鲜奶油和牛奶倒入小锅内加热，锅四周起泡后关火，然后放入薄荷叶，盖上锅盖，焖5min左右。

2. 把切碎的巧克力放进小盆里，然后把步骤1的材料过滤倒入并搅拌，使巧克力溶化。

3. 整体混合好，晾凉后倒进模具里，放进冰箱冷冻。

{ point }
小窍门

使用的半圆形硅胶模具，大小正好一口吃完，比较方便。硅胶材质的模具冰棍比较容易取出，当然也可挑选自己喜欢的其他模具。

放入薄荷后盖上盖子焖的过程，可使薄荷的香味转移到鲜奶油里。快冷冻好时，插上竹签，比较方便食用，而且还很时尚。

半圆形硅胶模具

RECIPE: 香草巧克力冰棍

{ ingredients }
材料

（30mL的棒状硅胶模具）

< 豆蔻 >		< 小茴香 >	
· 甜巧克力	50g	· 甜巧克力	50g
· 牛奶	125mL	· 牛奶	125mL
· 鲜奶油	50mL	· 鲜奶油	50mL
· 豆蔻	2颗	· 小茴香	半匙

用调料做的这款冰棍，比较适合大人。做成的巧克力棒的形状单手就可食用，非常方便。

{ directions }
做法

1. 把牛奶和鲜奶油放进小锅里，放入调味料（豆蔻或者小茴香）后加热，锅四周起泡后关火。盖上锅盖，焖5min左右。

2. 把切碎的巧克力放进小盆里，然后把步骤1的材料过滤并倒入，搅拌，使巧克力溶化。

3. 整体混合好，晾凉后倒进模具里，放进冰箱冷冻。

棒状硅胶模具

{ point }
小窍门

该款冰棍使用的是制作长方形点心的棒状硅胶模具，可用蜡纸包起来作为招待客人的冰点。

 RECIPE: **山莓巧克力冰激凌**

{ ingredients }　（80mL的松饼铝箔杯模具6个）
　　材料

- 山莓 ················· 50g
- 砂糖 ················· 10g
- 樱桃白兰地酒 ········ 1小匙

- 甜巧克力 ················· 50g
- 牛奶 ····················· 50mL
- 鲜奶油 ·················· 100mL

山莓

酸甜的山莓搭配洋酒，再加上巧克力的苦味，可谓口感独特非凡。宛如巧克力蛋糕般的柔软冰激凌。

{ directions }
　　做法

1. 把山莓、砂糖、樱桃白兰地酒倒入容器里，搅拌均匀。

2. 把牛奶放入小锅内加热煮沸，关火后，把切碎的巧克力放进锅内，搅拌使巧克力溶化，之后都倒入小盆里。晾凉后，加入鲜奶油，一边往盆里加入冰水，一边用打蛋器顺时针方向搅拌。

3. 然后倒进裱花袋里，旋涡状地挤进模具里，之后把步骤1搅拌均匀的材料分成6份放到模具上面，放进冰箱冷冻。

{ point }
　小窍门

用于烘焙的铝箔杯作为模具，比较容易成型。当然也可选择其他可爱的模具，更能增添不少别致。

松饼铝箔杯模具

JUICE

果味系列

超简单款冰棍，只需把果汁冷冻即可做成简单的果味冰棍。

可选用纯果汁，当然也可加入可尔必思、

苏打水等做成口味独特的冰棍，

作为孩子的饭后点心。

13

RECIPE: 红橙冰棍

{ ingredients }
材料

（60mL的冰棍模具4个）

- 橙子 ··· 1个（净重100g）
- 红橙汁 ·· 100mL
- 砂糖 ··· 15g

{ point }
小窍门

该款冰棍制作时加入红橙汁，鲜红的颜色更能烘托夏日的气氛。橙子果肉切大一点，口感会更好。

红橙汁

{ directions }
做法

1. 橙子去外皮和内层的薄皮，然后每一瓣均切成两三块，再均匀放入冰棍模具里。

2. 把红橙汁和砂糖放入小盆里搅拌均匀，砂糖溶化后，倒进模具里，放进冰箱冷冻。

14 RECIPE: 果味冰棍

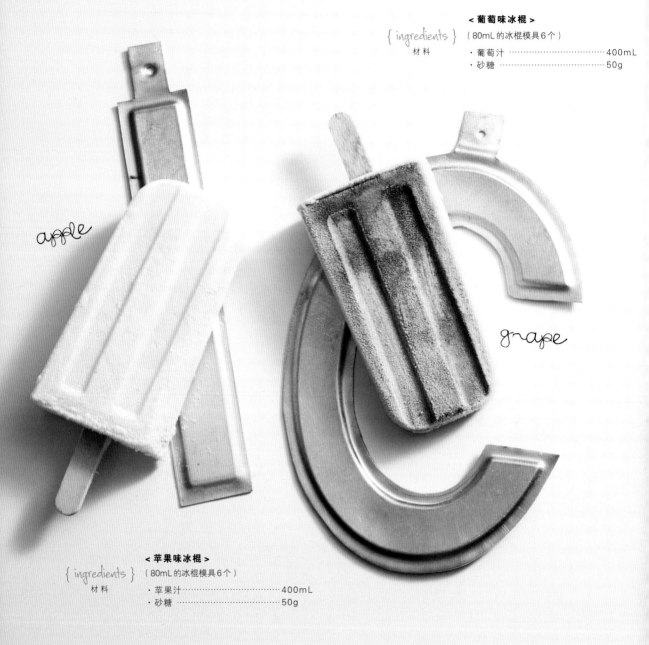

apple

grape

< 葡萄味冰棍 >

{ ingredients }　（80mL的冰棍模具6个）
材料
・葡萄汁 ································· 400mL
・砂糖 ···································· 50g

< 苹果味冰棍 >

{ ingredients }　（80mL的冰棍模具6个）
材料
・苹果汁 ································· 400mL
・砂糖 ···································· 50g

{ directions }　（5种口味通用）
做法
1. 把果汁和砂糖倒入小盆里，搅拌均匀。

2. 砂糖溶化后，倒进模具里，放进冰箱冷冻。

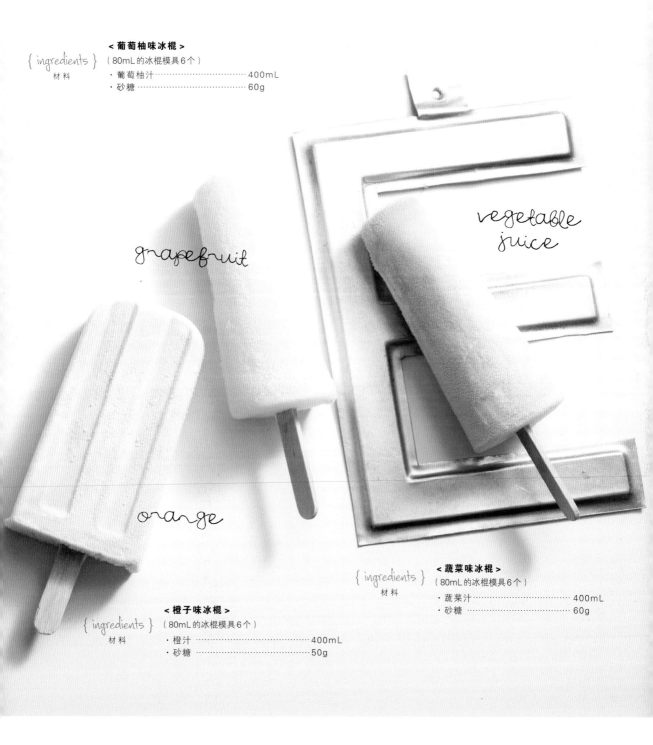

< 葡萄柚味冰棍 >

{ ingredients } （80mL的冰棍模具6个）
材料
　　・葡萄柚汁 ·················· 400mL
　　・砂糖 ·················· 60g

grapefruit

vegetable juice

orange

< 蔬菜味冰棍 >

{ ingredients } （80mL的冰棍模具6个）
材料
　　・蔬菜汁 ·················· 400mL
　　・砂糖 ·················· 60g

< 橙子味冰棍 >

{ ingredients } （80mL的冰棍模具6个）
材料
　　・橙汁 ·················· 400mL
　　・砂糖 ·················· 50g

{ point }　果味冰棍配方超级简单，使用果汁即可制作。
小窍门　　由于平时我们饮用的果汁含糖量不一，所以制
　　　　作时要边品尝边加入需要的砂糖，来调整冰棍
　　　　的甜度。有时冰棍上下两部分的浓度不同，可
　　　　能会对冰棍口感有影响，为了避免此问题，可
　　　　把冰棍液体放进自封式塑料袋里，冷冻后再移
　　　　入模具（参照第11页）。

果汁

mango

plain

grape

15

RECIPE: **可尔必思系列冰棍**

{ ingredients }
材料
（80mL的冰棍模具各6个）

＜可尔必思芒果味冰棍＞
· 可尔必思（芒果味）.............. 220mL
· 水 220mL

＜纯可尔必思冰棍＞
· 可尔必思 220mL
· 水 220mL

＜可尔必思葡萄味冰棍＞
· 可尔必思（葡萄味）.............. 220mL
· 水 220mL

{ directions }
做法
（3种口味通用）

1. 把可尔必思和水混合均匀。

2. 倒进模具里，放进冰箱冷冻。

{ point }
小窍门
此系列冰棍采用令人怀念的可尔必思饮料制作，
可挑选自己喜欢的口味。有时冰棍上下两部分的
浓度不同，可能会对冰棍口感有影响，为了避免
此问题，可把冰棍液体放进自封式塑料袋里，
冷冻后再移入模具（参照第11页）。

可尔必思

RECIPE: 碳酸饮料类冰棍

ingredients }
材料
（20mL 的鱼形硅胶模具各6个）

< 柠檬汽水冰棍 >

·蓝色柠檬果子露（刨冰用）……… 4 大匙
·水 ……………………………………… 4 大匙

< 苹果汽水冰棍 >

·苹果汽水（加糖）………………… 6 大匙
·果子露 …………………………………… 2 大匙

< 可乐冰棍 >

·可乐 …………………………………… 6 大匙
·果子露 …………………………………… 2 大匙

directions }
做法

1. 把每种冰棍的材料分别倒进小盆里，搅拌均匀。

2. 倒进模具里，并放入绳子，然后放进冰箱冷冻。

果子露的制作方法（适量）

把100mL水和50g的砂糖放到耐热容器里，微波炉加热1min。搅拌使砂糖溶化，之后晾凉。常温可保存一周左右。当然也可使用冰咖啡的胶糖蜜。

---

point }
小窍门
此款冰棍使用独特形状的鱼形硅胶模具，绳子也一起冷冻，非常适合小孩子。

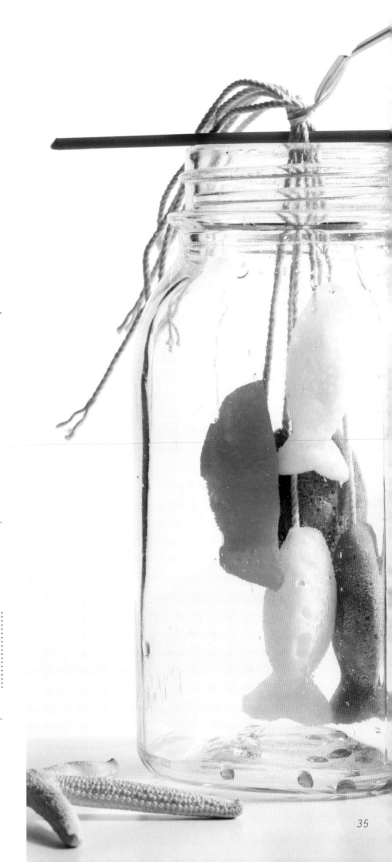

第二章

_____

水果、蔬菜大混合！

绿色新鲜冰棍大集锦

使用新鲜的水果或者蔬菜，制作健康蔬果冰棍。搅拌之后直接冷冻，这样既浓缩了鲜果的精华，口味也非常鲜美。家中制作冰棍最大的优点就是无添加剂，食用安全。最适合作为小孩的冰点，当然也可作为女性养颜美容品食用。

"STRAWBERRY"

lemon

orange

banana

RECIPE: 苏打水果味冰棍

17

{ ingredients }
材料
（110mL的塑料杯模具8个）

· 猕猴桃……………半个（50g）　　· 橘子………………半个（50g）
· 蓝莓………………50g　　　　　　· 葡萄柚……………2 瓣（50g）
· 草莓………………5 颗（50g）　　· 苏打水（加糖）……200mL
　　　　　　　　　　　　　　　　　· 砂糖………………30g

{ directions }
做法

1. 猕猴桃去皮、草莓去蒂，然后分别切成1cm大小的块。之后把橘子和葡萄柚去皮，再去掉内层的薄皮，用手掰成1cm大小的块。

2. 把步骤1的材料和蓝莓等倒进模具里，在苏打水中加入砂糖，搅拌，砂糖溶化后也等量倒进刚才的模具里，然后放进冰箱冷冻。

3. 冷冻1h左右，把冰棍棒插进去继续冷冻。

{ point }
小窍门

这款冰棍使用的模具就是我们平时常见的塑料杯，一般商店均有出售。装满水果的杯子，看起来非常奢侈，宛如五颜六色的水果百宝箱。

塑料杯

RECIPE: 巴西莓冰点

{ point }

小窍门

此款冰点制作时需要把材料倒进
如下图制冰用的模具里。因为有
一定的浓度，所以不推荐使用普
通的模具，建议使用制冰专用的
模具做成小块，然后搭配装饰各
种食材食用。

{ ingredients }
材料 （300mL 的制冰用模具 1 个）

· 巴西莓果泥（无糖） ··· 100g
· 水 ··· 150mL
· 砂糖 ·· 50g
· 装饰用香蕉、格兰诺拉麦片等 ························· 各适量

{ directions }
做法

1. 装饰用材料除外，其他材料都放进搅拌器，搅拌均匀。

2. 把步骤1的材料倒进制冰用的模具里，放进冰箱冷冻。

3. 之后盛到容器里，把切成圆形的香蕉和麦片等装饰到上面。

制冰用模具

巴西莓

巴西莓营养丰富，制作冰棍，
美味至极。使用巴西莓果泥制
作更简单，若巴西莓果泥含糖
的情况下，制作时注意控制砂
糖的用量。

RASPBERRIES
PER ·LB

RECIPE: **覆盆子冰棍**

{ ingredients }　（70mL 的冰棍模具6个）
材料

- 覆盆子（冷冻）……………………………… 150g
- 水 ……………………………………… 200mL
- 砂糖 ……………………………………… 60g

冰棍模具

{ directions }　1. 把所有材料都放进搅拌器，搅拌成果泥状。
做法
　　　　　　　2. 把步骤1的材料倒进模具里，放进冰箱冷冻。

{ point }　此款冰棍集中了新鲜水果的美味，甜酸口味搭配鲜红的覆盆子，
小窍门　好看又好吃。

覆盆子

覆盆子可用新鲜的，也可用
冷冻的。冷冻的覆盆子在搅
拌时可能会有点困难，这时
需加入一点温水。

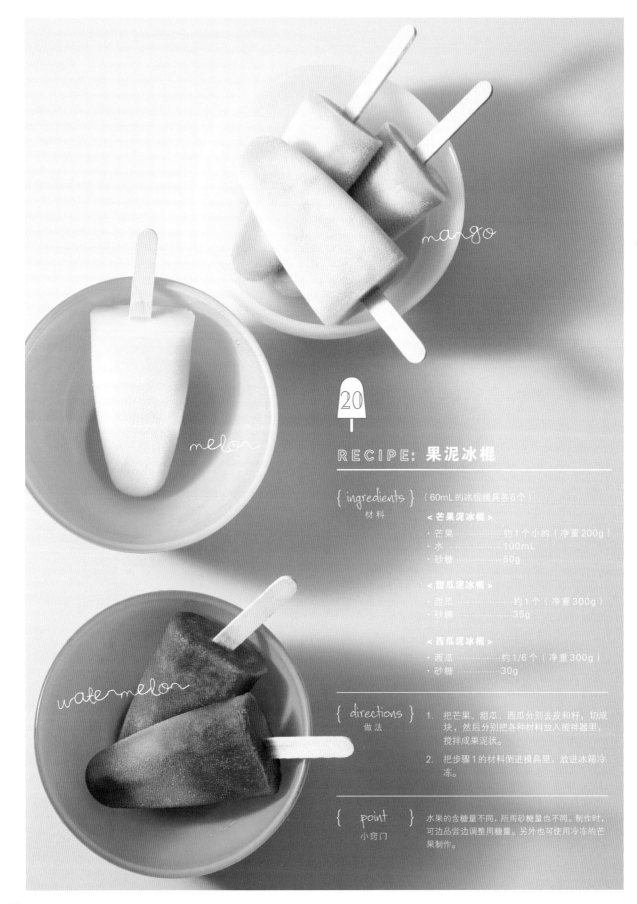

mango

melon

watermelon

20

RECIPE: 果泥冰棍

{ ingredients }
材料

（60mL的冰棍模具备6个）

<芒果泥冰棍>
· 芒果 ············· 约1个小的（净重200g）
· 水 ······················ 100mL
· 砂糖 ····················· 50g

<甜瓜泥冰棍>
· 甜瓜 ·············· 约1个（净重300g）
· 砂糖 ····················· 35g

<西瓜泥冰棍>
· 西瓜 ············· 约1/6个（净重300g）
· 砂糖 ····················· 30g

{ directions }
做法

1. 把芒果、甜瓜、西瓜分别去皮和籽，切成块，然后分别把各种材料放入搅拌器里，搅拌成果泥状。
2. 把步骤1的材料倒进模具里，放进冰箱冷冻。

{ point }
小窍门

水果的含糖量不同，所用砂糖量也不同。制作时，可边品尝边调整糖量。另外也可使用冷冻的芒果制作。

21

ECIPE: 鳄梨槭槭冰点

ingredients
材料

（200mL的硅胶制冰模具1个）

· 鳄梨 ………………………………… 半个（净重80g）
· 槭槭酱汁 ………………………………… 80g
· 柠檬汁 ………………………………… 1小匙
· 水 ………………………………… 120mL

directions
做法

1. 用刀沿着鳄梨中间切一圈，然后纵向对切，去核，去皮。然后切成块状，和其他材料一起放进搅拌器里，搅拌均匀。

2. 把搅拌均匀的步骤1的材料倒进模具里，放进冰箱冷冻。

{ **point** }
小窍门

此款冰点口味浓厚而且很甜，所以制作时，做成小块，易于食用，口感又好。右图就是硅胶材质的扑克牌形状的可爱的制冰用模具。

制冰用模具

新鲜的鳄梨经过冷冻，有种冰沙的口感。虽然不使用奶制品，制作的冰点却饱含奶油味。

鳄梨

RECIPE: **双色草莓牛奶冰棍**

{ ingredients }　（80mL的冰棍模具6个）
材料

< 草莓酱 >

· 草莓 ················· 约20颗（200g）
· 牛奶 ················· 50mL
· 砂糖 ················· 40g

< 牛奶酱 >

· 牛奶 ················· 200mL
· 砂糖 ················· 30g

{ directions }
做法

1. 制作草莓酱。草莓去蒂之后，和牛奶、砂糖一起放进搅拌器里，搅拌成果泥状。

2. 把搅拌均匀的步骤1的材料等量倒进模具里，放进冰箱冷冻1h左右。

3. 把牛奶酱的材料搅拌均匀，使砂糖溶化。然后倒到步骤2模具里，并插入冰棍棒，再放进冰箱继续冷冻。

{ point }
小窍门

此款冰棍属于大众款，人人喜爱的草莓牛奶口味。制作时注意确认草莓酱是否冷冻好，再倒入牛奶酱，这样做出来的冰棍层次清晰，好看。

RECIPE: 芒果牛奶冰糕

{ ingredients }
材料

（7cm×12cm 的容器2个）

< 芒果酱 >

· 芒果 ·························· 约半个（净重100g）
· 牛奶 ·························· 50mL
· 砂糖 ·························· 20g

< 牛奶酱 >

· 牛奶 ·························· 200mL
· 砂糖 ·························· 30g

{ directions }
做法

1. 制作芒果酱。把芒果切成一口大小的块，和牛奶、砂糖一起放进搅拌器里，搅拌成果泥状。

2. 把搅拌均匀的步骤1的材料等量倒进2个模具里，放进冰箱冷冻1h左右。

3. 把牛奶酱的材料搅拌均匀，使砂糖溶化。然后倒到冷冻后步骤2的模具里，再放进冰箱继续冷冻。

容器

{ point }
小窍门

此款芒果冰糕和牛奶搭配，色彩、味道都非常值得期待。建议使用长方形平底托盘作为模具，做起来会更轻松，更快乐！

red smoothie

orange smoothie

green smoothie

RECIPE: **蔬果冰沙**

{ ingredients }
材料

（60mL的冰棍模具各4个）

< 橙色冰沙：胡萝卜 + 苹果 + 柠檬 >

- 胡萝卜 ·· 约 1/3 根（净重 50g）
- 苹果 ·· 约 1/4 个（净重 50g）
- 柠檬汁 ·· 1 小匙
- 水 ·· 100mL
- 蜂蜜 ·· 1.5 大匙

< 红色冰沙：西红柿 + 柠檬 >

- 西红柿 ·· 约 2 个（净重 200g）
- 柠檬汁 ·· 2 小匙
- 蜂蜜 ·· 3 大匙

< 绿色冰沙：青菜 + 苹果 >

- 青菜 ·· 约 1/4 捆（净重 75g）
- 苹果 ·· 约 1/3 个（净重 75g）
- 水 ·· 100mL
- 枫糖酱 ·· 3 大匙

{ directions }
做法

（3种口味通用）

1. 胡萝卜去皮，苹果去皮和核，西红柿去皮和籽，青菜去掉根部。把青菜、水果切成块状，然后分别把各种口味的材料放进搅拌器里搅拌均匀。

2. 倒进模具，放进冰箱冷冻。

棒状搅拌器

搅拌器

{ point }
小窍门

此款冰棍采用青菜、水果制作，营养丰富，属于健康绿色款。注意：搅拌要均匀，不要留有纤维，这样口感会比较好。

25

RECIPE: 柠檬杯冰沙

{ ingredients }
材料

（柠檬2个）

· 柠檬 .... 2个（300g）
· 蜂蜜 50g
· 水 50mL

{ directions }
做法

1. 把柠檬的上方1/5横切掉，下半部分的果肉用匙子取出来，做成柠檬汁，大概4大匙的量。

2. 把水和蜂蜜放进耐热的容器里，用微波炉加热1min左右，晾凉后和柠檬汁混合到一起。然后倒进平底盘里，放进冰箱冷冻。

3. 去除果肉后的柠檬皮和切掉的柠檬上半部分也放进冰箱里冷冻。

4. 步骤2的材料冷冻后，用匙子搅拌成冰沙状，然后盛到步骤3的柠檬杯里。

{ point }
小窍门

此款冰沙最大的魅力在于柔软的口感。注意不要冷冻过度，这样就会有种沙沙的口感，像刨冰一样。因为没用模具，而是放到水果皮里，建议直接用匙子舀着吃。

26

RECIPE: 草莓炼乳冰点

{ ingredients }
材料

（草莓10颗）

· 草莓 .... 10颗（100g）
· 炼乳 10g

{ directions }
做法

1. 草莓去蒂，然后用小刀把里面的果肉剜掉，注意不要把底部弄坏了。

2. 在剜去果肉的空间里挤入炼乳，然后一个一个地放入制冰的模具里，放进冰箱冷冻。

{ point }
小窍门

此款冰点可以在冷饮店出售，大小适中，易于食用。炼乳要选择筒状的，方便挤进草莓里。

硅胶模具

RECIPE: 菠萝冰沙

{ ingredients }　(小菠萝1个)
　　材 料

　　· 菠萝（小的带叶）·······················1个（650g）
　　· 水 ·····································50mL
　　· 砂糖 ····································25g

{ point }
　小窍门

此款冰沙可用作聚会的冰点使用。菠萝
品种不同含糖量也不一样，所以制作时
注意调节用糖量，边品尝边制作比较好。

{ directions }
　　做 法

1. 把菠萝上方1/5横切掉，把水果刀插入菠萝皮的内侧，
   使皮肉分离，再用勺子掏出200g果肉。

2. 把果肉和其他材料一起放进搅拌器里搅拌均匀，之
   后放进自封式塑料袋里封口，然后放到方形平底盘
   里摊平，放进冰箱冷冻。

3. 去除果肉后的菠萝皮和切掉的带叶子的上半部分也
   放进冰箱里冷冻。

4. 步骤2的材料冷冻后，隔着自封式塑料袋粗略地压成
   块，然后放到冷冻后的菠萝皮里。

RECIPE: 酸味樱桃冰果冻

{ ingredients }　（400mL的制冰模具1个）
　　材料

- 酸味饮料浸泡的樱桃 ············· 适量
- 酸味饮料 ······························· 130mL
- 水 ······································· 130mL

{ directions }　1. 把酸味饮料浸泡的樱桃一个一个地放入
　　做法　　　　　 制冰模具里。

　　　　　　　　2. 把水和酸味饮料混合，倒入模具里，然
　　　　　　　　　 后放进冰箱冷冻。

> **酸味饮料浸泡的樱桃（做法）**
>
> 把24颗（约100g）樱桃、50g砂糖、50g醋放入用开水
> 消毒过的容器里，盖上盖子，放到阴凉处放置一周左右。
> 每天需要用干净的匙子搅拌一次。放置一周之后再食用
> 口感比较好。之后，可在冰箱保存一个月左右。

{　point　}　此款冰果冻口感柔软，美味无穷。采用对身体比
　　小窍门　　较好的酸味饮料浸泡食材。使用的模具，形状小
　　　　　　　巧，外观极好，通过透明的冰果冻可以看着里面
　　　　　　　的樱桃。

制冰用模具

RECIPE: **蜂蜜柠檬冰果冻**

ingredients }
材料

〔50mL（直径4.5cm × 高2.5cm）
硅胶杯模具6个〕

· 蜂蜜柠檬片·························· 适量
· 蜂蜜柠檬汁·························· 70mL
· 水 ································ 70mL

directions }
做法

1. 把蜂蜜柠檬片分别放入硅胶杯里。
2. 把水和蜂蜜柠檬汁搅拌均匀，倒入模具
   里，然后放进冰箱冷冻。

蜂蜜柠檬片（做法）

把两个柠檬洗干净，切成薄片，放进开水消毒
过的容器里，然后加入蜂蜜，直到蜂蜜能够淹
没柠檬片，盖上盖子放入冰箱，放置一天后就
可使用。通常可保存两周左右。但柠檬一直泡
在蜂蜜里会有苦味，所以尽量在一周内用完。

point }
小窍门

此款冰果冻使用的模具是便当用硅胶杯，比较容易
取出。蜂蜜柠檬有消除疲劳之效，适合夏天困倦时
食用。

便当用硅胶杯

第三章

适合成人享用的冰棍！

稍含咖啡或酒精的冰棍

虽然是简单、常见的冰棍，只要稍微更换一些材料，就可以做出成人喜欢的口味。带着豆奶甜味的和式冰点咖啡和红茶风味的冰棍、可食用花草和甘露酒风味的冰点等，非常适合成人的口味。

"CORDIAL"

"CASSIS"

"SYRUP"

53

JAPANESE SWEETS

和式冰点系列

以豆奶为主材，掺上黄豆粉、芝麻、红豆、抹茶，做成和式口味的冰点。清淡爽口，对身体也好，适合炎热夏季食用。属于一种治愈系冰点。

30

RECIPE：**和式甜品冰点**

RECIPE：**黄豆粉红糖豆奶冰点**

{ ingredients }
材料
（塑料瓶2个）

· 豆奶（无添加剂、无糖）……150mL
· 黄豆粉……………………… 2 大匙
· 红糖浓液 ………………… 1.5 大匙

{ directions }
做法

1. 把黄豆粉倒入小盆里，一点一点地加入豆奶搅拌均匀。

2. 然后把红糖浓液加进去搅拌，倒入模具里，然后放进冰箱冷冻。

{ point }
小窍门

（4种口味通用）
塑料瓶也可作为冰棍模具，好神奇呀！500mL的塑料瓶从底部剪掉8cm后使用（使用的只是塑料瓶的底部）。如果冰棍不方便从塑料瓶底取出，可以用厨房剪在塑料瓶底剪一道刀口。塑料瓶的断面比较锐利，使用时需要格外注意。

RECIPE：**清爽黑芝麻豆奶冰点**

{ ingredients }
材料
（塑料瓶2个）

· 豆奶（无添加剂、无糖）…………150mL
· 研磨的黑芝麻 …………………… 2 大匙
· 砂糖 ……………………………… 20g

{ directions }
做法

1. 把所有的材料倒入小盆里，搅拌均匀。

2. 砂糖溶化后，倒入模具里，然后放进冰箱冷冻。

塑料瓶.

kinako

azuki-bean

green tea

black sesame

RECIPE: **红豆豆奶冰点**

{ ingredients }　（塑料瓶2个）
　材料

· 豆奶（无添加剂、无糖）·············150mL
· 红豆 ······································80g

{ directions }
　做法

1. 把红豆放入小盆里，一点一点地加入豆奶搅拌均匀。

2. 然后倒入模具里，放进冰箱冷冻。

RECIPE: **抹茶豆奶冰点**

{ ingredients }　（塑料瓶2个）
　材料

· 豆奶（无添加剂、无糖）·············150mL
· 抹茶 ·····································1 小匙
· 砂糖 ······································30g

{ directions }
　做法

1. 把滤过的抹茶和砂糖倒入小盆里，搅拌均匀。加入 1 大匙豆奶，搅拌均匀。然后边加入少量豆奶边搅拌，搅拌到没有疙瘩为止。

2. 砂糖溶化后，倒入模具里，然后放进冰箱冷冻。

CAFE DRINK
咖啡系列

拿铁咖啡、咖啡、香草茶等，这些每天都会享用的饮品可以做成冰棍食用。炎热的夏季，凉爽可口的甜点，最适合招待客人了。

31 RECIPE: 拿铁咖啡冰棍

{ ingredients }
材料

（100mL的纸杯模具5个）

< 咖啡 >
- 速溶咖啡 ························· 1 大匙
- 开水 ···························· 150mL
- 砂糖 ····························· 20g

< 牛奶 >
- 牛奶 ···························· 150mL
- 砂糖 ····························· 20g

{ directions }
做法

1. 制作液体咖啡。把开水加入速溶咖啡和砂糖里，搅拌溶化。晾凉后，等量倒入杯子里，放进冰箱里冷冻1h左右。

2. 把牛奶口味的材料混合搅拌，砂糖溶化后，倒到步骤1的食材上。

3. 插入冰棍棒，再放入冰箱里，继续冷冻。

{ point }
小窍门

纸杯的内侧经过防水加工，可当作模具来使用。木制的搅拌棒斜着插上去，宛如真的拿铁咖啡。

纸杯

 32 RECIPE: **皇家红茶牛奶冰棍**

{ ingredients }
材料
（50 ~ 80mL的硅胶可露莉模具8个）

- 皇家红茶茶叶·····························2 小匙
- 水···200mL
- 牛奶··200mL
- 砂糖··60g

{ directions }
做法

1. 把水倒入锅里，用大火加热，放入茶叶。沸腾之后加入牛奶，然后小火煮2min左右，关火。滤液放入小盆里，加入砂糖搅拌均匀。

2. 晾凉后，等量倒入模具里，放进冰箱。1h之后稍微凝固时，插入冰棍棒，继续冷冻。

{ point }
小窍门

皇家红茶牛奶冰棍制作时上下两部分浓度会有所不同，所以小块可避免。推荐使用硅胶可露莉模具，倒入5cm左右高的液体，做成和式点心的形状，比较可爱。

可露莉模具

 RECIPE: **爽口咖啡冰块**

{ ingredients }　（20cm×17cm自封式塑料袋8个）
材料

· 速溶咖啡·····························4 大匙
· 砂糖 ·······································70g
· 开水 ···································300mL
· 牛奶 ·······································适量

{ directions }
做法

1. 把开水加入速溶咖啡和砂糖里，搅拌溶化。

2. 晾凉后，放进自封式塑料袋里封口，放方形平托盘里，放进冰箱冷冻。

3. 从冰箱取出后，在塑料袋上方揉搓，将冰大致弄碎，然后放到杯子里再倒上牛奶。

{ point }
小窍门

制作好的咖啡冰块，形状可以不一致，这样宛如在咖啡馆里喝到的一样，很有气氛。随着冰块的融化，味道会有所变化，值得一试。

自封式塑料袋

34 RECIPE: **薄荷冰点**

{ ingredients } （300mL 的制冰模具 1 个）
材料

- 薄荷叶·························· 1 包（10g）
- 开水 ·························· 300mL
- 砂糖 ·························· 50g
- 苏打水 ···················· 适量

{ directions }
做法

1. 把少许薄荷叶放入制冰模具里。剩下的薄荷叶放到开水壶里，注入开水焖3min后过滤，把280mL的开水倒入小盆里，加进砂糖，搅拌溶化。

2. 晾凉后，倒进制冰模具里，放入冰箱冷冻。

3. 把冷冻好的冰块盛到玻璃杯里，倒入苏打水。

{ point }
小窍门

薄荷叶香气宜人，口味清爽可口，而且还助消化，所以比较适合作为饭后甜点。推荐一试！

制冰模具

薄荷叶

RECIPE: 扶桑冰块

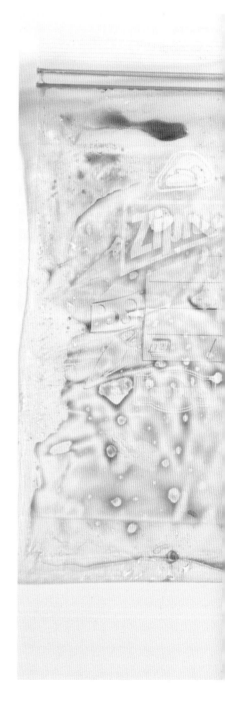

{ ingredients }
材料
（20cm×17cm自封式塑料袋1个）

- 扶桑茶包··················· 2袋（7g）
- 开水 ····················· 330mL
- 砂糖 ····················· 60g

{ directions }
做法

1. 把开水加入扶桑茶里，放置3min。然后倒入小盆并加入砂糖，搅拌均匀。

2. 晾凉后，放进自封式塑料袋里，放到方形平托盘里，放进冰箱冷冻。

{ point }
小窍门

使用塑料袋制作，尽管形状不好，但是不会占用冰箱的空间。食用时，可直接掰着吃，非常方便。

自封式塑料袋

FOR ADULT
成人独享冰点

最近，我们经常见到这样的冰棍配方：采用香草、可食用花卉、甘露酒等制作，好看又好吃，非常适合成人享用，尤其是外观，更是制作的要点。

RECIPE: 酸橙柠檬草冰棍

{ ingredients }
材料

（80mL的冰棍模具6个）

- 酸橙和柠檬草的甘露酒（8倍稀释）················180mL
- 水 ···240mL
- 酸橙 ···1个
- 砂糖 ···1小匙
- 柠檬草 ···6根

{ directions }
做法

1. 把酸橙薄切成18片左右，然后撒上砂糖。放置10min左右，等量放入模具，粘贴到内侧。
2. 把甘露酒和水混合，倒入步骤1的模具里。中间插上柠檬草，放进冰箱冷冻。

{ point }
小窍门

此款冰棍不用冰棍棒，而采用柠檬草，瞬间时尚感倍增。如柠檬草不能直立，稍微冷冻一下再插上就好了。

甘露酒

甘露酒是不含酒精的浓缩的甜饮料，使用时可加入水或者碳酸水稀释。市场出售的甘露酒，颜色和口味不一，可挑选自己喜欢的使用。

RECIPE: **可食用花卉冰点**

可食用花卉甘露酒
（关于甘露酒见第62页）

{ ingredients } （60mL的硅胶模具5个）
材料

· 可食用花卉酿制的甘露酒（10倍稀释）······················ 6大匙
· 水 ·· 150mL
· 可食用花卉 ··· 5朵
· 薄荷叶 ··· 适量

硅胶模具

{ directions } 1. 把甘露酒和水混合，倒入模具里。
做法
2. 把可食用花卉和薄荷叶放进模具里，注意使其下沉，然后放进冰箱冷冻。

{ point } 透过冰块，可以看见可食用的花卉和香草，这种清凉可口的冰点简单易做，
小窍门 而且赏心悦目。此款冰点作为招待客人的点心尤其合适！

可食用花卉

③⑧ RECIPE: **咸味焦糖冰块**

{ ingredients }
材料

（30mL正方体硅胶模具10个）

- 水 ················· 1 大匙
- 砂糖 ············· 50g
- 鲜奶油············· 50mL
- 牛奶 ········· 150mL
- 盐 ········· 1/4 小匙

{ directions }
做法

1. 把水和砂糖倒入厚一点的小锅里，加热。砂糖溶化后，成为液体之前不要搅拌。此期间可把鲜奶油放入耐热容器里，用微波炉加热30s。

2. 砂糖溶化上色后，晃动小锅使其上色均匀。成为黄褐色的焦糖，关火，加入少量的鲜奶油。搅拌均匀后加入牛奶和盐，再次开火加热，使焦糖溶化。

3. 晾凉后倒入模具里，放进冰箱冷冻。

{ point }
小窍门

此款冰块可享用到咸味中的淡淡的き味，口感丰富。因为易于融化，所以从冰箱拿出后尽快食用。另外在步骤2□把鲜奶油放锅里时，注意蒸汽，不要衫烫伤。

硅胶模具

此款冰棍使用的是正方体的硅胶模具，也可选用喜欢的其他形状，或用制冰用的模具。

ALCOHOL

稍含酒精的冰点

含有酒精的点心冷冻之后，非常适合成人享用。
仅仅冷冻就可制作的美味冰棍，可当作点心食用，并且免用筷子。

39

RECIPE: **苹果红酒冰棍**

{ ingredients }
材料

（80mL的冰棍模具4个）

- 苹果……半个（净重150g）
- 水………100mL

A
- 红酒、水 …………………… 各100mL
- 砂糖 ……………………… 100g
- 丁香、八角 …………… 各1颗
- 桂皮棒 ……………………… 半根

{ point }
小窍门

此款冰棍在红酒里加入丁香、八角、桂皮等，宛如西班牙桑格利亚汽酒的味道。另外，里面有脆脆的苹果，更增添了其美味。

丁香、八角、桂皮棒

{ directions }
做法

1. 制作苹果红酒糖浆。苹果去皮和核，切成12等份呈放射状。把材料A放入锅里，煮沸，然后放入苹果盖上盖子，小火煮10min左右，晾凉。

2. 把步骤1煮好的苹果等量放入模具里，把100mL的糖浆和水搅拌后倒入模具里，放进冰箱冷冻。

"CASSIS and ORANGE"

"LITCHI"

"PLUM WINE"

RECIPE: 鸡尾酒水果冰点

{ ingredients }
材料

（400mL 的制冰用模具各1个）

< 黑加仑橙汁冰点 >

・黑加仑甜露酒 ·················· 75mL
・橙汁 ···························· 300mL

< 荔枝鸡尾酒冰点 >

・荔枝甜露酒 ····················· 120mL
・葡萄柚汁 ························ 240mL

< 青梅酒冰点 >

・青梅酒 ·························· 180mL
・水 ······························ 180mL

{ directions }
做法

（3种口味通用）

1. 把所有的材料均放进小盆里，搅拌均匀。

2. 然后倒入制冰用模具里，放进冰箱冷冻。

{ point }
小窍门

鸡尾酒经过冷藏，制作成仅供成人享用的冰点。酒精度数高的酒的冰点低，所以普通家用冰箱很难将其冻成冰。因此推荐使用制冰用的小型模具，以及度数比较低的利口酒。

利口酒

制冰用模具

ICE CAKE

倒入大型模具里冷冻制作的冰激凌宛如冰冻蛋糕般美味可口。

可用匙子舀着吃，也可分开食用，适合多人一起享用。

尤其是巧克力和奶酪风味的冰激凌，更受孩子们欢迎。

RECIPE: 朗姆酒葡萄干冰激凌

{ ingredients }
材料

（500mL 的牛奶纸盒模具1个）

- 鲜奶油 ·· 100mL
- 牛奶 ·· 50mL
- 砂糖 ·· 15g
- 朗姆酒浸泡的葡萄干 ···························· 50g

{ directions }
做法

1. 把鲜奶油、牛奶、砂糖放入小盆里，然后一边将小盆盆底放在冰水上，一边搅打。搅打至泡沫细致均匀为止，然后加入葡萄干，继续搅拌。
2. 把步骤1材料倒入牛奶纸盒模具里，放进冰箱冷冻。

朗姆酒浸泡葡萄干的制作方法（245mL 的容器1个）

把150g的葡萄干放入沸水里1min，捞出，去除水分，晾凉后放到用开水消毒过的容器里。然后倒入朗姆酒，直至淹没葡萄干。
一周之后即可食用，在阴凉处可存放1个月左右。

{ point }
小窍门

此款冰激凌采用朗姆酒葡萄干，香气宜人，口味醇厚。把空牛奶纸盒冲洗干净，晾干，可当作模具来使用。做成方形冰激凌，食用时可切开。

牛奶纸盒

RECIPE: **巧克力果仁冰激凌**

{ ingredients } （12cm×18cm×4.5cm的平底盘1个）
材料
- 甜巧克力 ·························· 100g
- 鲜奶油 ·························· 100mL
- 牛奶 ·························· 250mL
- 迷你棉花糖 ·························· 10g
- 开心果 ·························· 10g
- 巧克力饼干 ·························· 20g

{ directions }
做法
1. 把巧克力切碎放入小盆里。把鲜奶油放进小锅里加热煮沸，然后倒入小盆里，用打泡器像画圆一样搅拌，使巧克力溶化。不停地搅拌，晾凉后边加入少许牛奶边继续搅拌。

2. 把迷你棉花糖、开心果、掰碎的巧克力饼干留出装饰用的量，其余的全放进步骤1的食材里，搅拌均匀后倒入平底盘里。然后放上装饰食材，放进冰箱里冷冻即可。

{ point }
小窍门
平底盘可制作大量的冰激凌。用匙子舀着吃，也可分开食用。脆脆的开心果和巧克力加上软软的棉花糖，口感丰富，感觉不一般。

RECIPE: **奶酪酸奶果仁冰激凌**

{ ingredients }
材料

（80mL的松饼杯模具6个）

- 奶油奶酪 ·············· 100g
- 砂糖 ·············· 50g
- 老酸奶 ·············· 100g
- 牛奶 ·············· 50mL
- 杂粮饼干 ·············· 15g
- 开心果 ·············· 5g

{ directions }
做法

1. 常温下，奶油奶酪变软，加入砂糖，搅拌均匀。先后放入老酸奶、牛奶搅拌均匀，等量倒入松饼杯模具里。

2. 上面分别放上弄碎的杂粮饼干和切碎的开心果，放进冰箱冷冻。

3. 冷冻1h左右，插上小匙继续冷冻。

奶油奶酪

奶油的风味搭配杂粮饼干，宛如奶酪蛋糕。制作时把杂粮饼干放到塑料袋里用擀面棒擀碎。

{ point }
小窍门

可爱的松饼杯搭配迷你小匙，时尚感倍增。松饼纸杯容易破，所以从模具中拿出也比较简单。

松饼杯模具

TOPPING

冰点装饰配料的丰富变化

制作冰点时，可选用自己喜欢的点心、果酱进行装饰点缀。口感、口味会变得更丰富，外形也会变得更精致美观。尤其是作为招待客人的点心食用时，可准备多种装饰配料，供客人选择。不同的人会有不同的选择，可制作多种独特风格的冰点，大家一定会开心一试的！

brown sugar syrup

红糖浓液
此配料在第54页的清爽黑芝麻豆奶冰点中有使用，除此之外，也可以和牛奶系列冰棍搭配。

chocolate sauce

巧克力酱
巧克力酱如果添加到第44页的双色草莓牛奶冰棍上就变成了草莓巧克力口味的冰棍了，添加到第24页的经典巧克力冰棍上，就成为双重巧克力口味，美味无穷。

honey

蜂蜜
蜂蜜可增加甜味，比较适合口味清爽系列的牛奶冰点，比如第14页的令人怀念的牛奶冰棍和第19页的杏仁冰棍。

巧克力酱的简易制作方法
也可使用市场出售的巧克力酱，但更推荐采用无添加剂、自己喜欢的口味的巧克力，不妨尝试一下自己动手制作巧克力酱。

巧克力酱的制作方法（适量）

1. 用手把一块50g的板状巧克力掰碎。

2. 小锅里放入2大匙水，加热至沸腾，关火倒入巧克力，盖上盖子。放置1～2min，开盖，搅拌使巧克力溶化。

"NUTS"

各种坚果

平时食用的各种坚果，搭配冰点食用，口味更是不一般。作为装饰配料时稍微切碎即可。

coconut

椰丝

把椰肉切成细丝，松脆的口感，尤其是作为热带的食物更容易受人青睐。一般市场均有出售。

黄豆粉

黄豆粉富含蛋白质和异黄酮，除了常用于牛奶系列和甜口味系列，也可以和第39页的巴西莓冰点搭配。

玉米片

玉米片适合于任何系列的冰点，尤其是第27页的牛奶巧克力冰棍制作，搭配鲜奶油一起食用，更增添了其美味。

granola

格兰诺拉麦片

格兰诺拉麦片富含格兰诺拉麦、干果、坚果等营养丰富的谷物类制品。其魅力在于可品尝的多样口味。

"PISTACHIO"

葡萄干

葡萄干的营养价值非常丰富。比较适合牛奶、酸奶、巧克力系列的冰棍制作，也比较适合成人享用。

酸果蔓干

酸果蔓干富含抗老化、养颜的抗酸化物质，而且可以预防膀胱炎。酸甜的口味比较适合巧克力系列冰棍的制作。

开心果

绿色的坚果系列，比较适合装饰搭配奶油色、棕色冰棍，形成和谐的色彩搭配。

牛奶巧克力坚果冰棍

牛奶系列冰棍
×
巧克力酱
×
玉米片

杏仁红糖黄豆粉

杏仁冰棍
×
红糖浓液
×
黄豆粉

TOPPING IDEA

装饰配料的多种组合

接下来介绍几种装饰配料的组合方式。本书介绍的任何一种冰棍都可以当作基础款，在此基础上进行组合制作。当然也可选用本书之外，你所喜欢的各种装饰配料及各种调味酱。

蜂蜜牛奶格兰诺拉麦片冰棍

牛奶系列冰棍
×
蜂蜜
×
格兰诺拉麦片

杏仁冰棍

牛奶杏仁冰棍
×
杏仁和其他坚果